上海市黄浦江和苏州河
堤防设施维修养护技术规程

SSH/Z 10007—2017

主编单位:上海市堤防(泵闸)设施管理处
　　　　　上海市政工程设计研究总院(集团)有限公司
批准单位:上海市水务局
施行日期:2017 年 1 月 31 日

同济大学出版社

2017　上海

图书在版编目（CIP）数据

上海市黄浦江和苏州河堤防设施维修养护技术规程/上海市堤防（泵闸）设施管理处，上海市政工程设计研究总院（集团）有限公司主编. -- 上海：同济大学出版社，2017.8

ISBN 978-7-5608-7324-4

Ⅰ.①上… Ⅱ.①上…②上… Ⅲ.①河流—堤防—工程设施—维修—技术规范—上海②河流—堤防—工程设计—养护—技术规范—上海 Ⅳ.①TV871.2-65

中国版本图书馆 CIP 数据核字（2017）第 204724 号

上海市黄浦江和苏州河堤防设施维修养护技术规程

上海市堤防（泵闸）设施管理处
上海市政工程设计研究总院（集团）有限公司　　主编

责任编辑　李小敏
责任校对　徐春莲
封面设计　潘向蓁
出版发行　同济大学出版社　　www.tongjipress.com.cn
　　　　　（地址：上海市四平路 1239 号　邮编：200092　电话：021-65985622）
经　　销　全国各地新华书店
印　　刷　江苏凤凰数码印务有限公司
开　　本　850 mm×1168 mm　1/32
印　　张　1.875
字　　数　50 000
版　　次　2017 年 8 月第 1 版　　2017 年 8 月第 1 次印刷
书　　号　ISBN 978-7-5608-7324-4
定　　价　20.00 元

上海市水务局文件

沪水务〔2017〕95 号

上海市水务局关于印发《上海市黄浦江和苏州堤防施维修养护规程》的通知

各有关单位：

  由上海市堤防(泵闸)设施管理处组织编制的《上海市黄浦江和苏州河堤防设施维修养护规程》，经 2017 年 1 月 3 日局长办公会议审议通过，现批准为上海市水务局标准化指导性技术文件，统一编号为 SSH/Z 10007—2017，自 2017 年 1 月 31 日起施行。

  特此通知。

上海市水务局
2017 年 1 月 26 日

上海市水务局办公室　　　　　　　2017 年 1 月 26 日印发

前　言

为加强上海市黄浦江和苏州河堤防设施日常维修养护管理,提高堤防设施维修养护质量和作业水平,确保堤防设施的功能完好和运行安全,特制定《上海市黄浦江和苏州河堤防设施维修养护技术规程》(以下简称《规程》)。

本《规程》基于《上海市黄浦江和苏州河堤防设施日常维修养护技术指导工作手册》,在总结本市历年来堤防工程维修养护管理工作的经验基础上,参考水利部及邻近省市的有关堤防维修养护资料编写而成。在编制过程中,编制组进行了广泛的调查研究。

本《规程》共分11章,主要包括堤防设施巡查、堤防护岸维修养护、防汛闸门及潮闸门井的维修养护、防汛通道的维修养护、堤防绿化养护、其他防汛设施的修护、堤防设施保洁、档案管理及条文说明等内容。

希望各单位在使用本《规程》的过程中,不断积累资料,总结经验,对需要修正和补充之处,请函告上海市堤防(泵闸)设施管理处,以便今后修编时参考。

主 编 单 位　上海市堤防(泵闸)设施管理处

　　　　　　　上海市政工程设计研究总院(集团)有限公司

审 核 人　胡　欣　周建军　邬显晨　董蕃宗

主要起草人　汪晓蕾　叶茂盛　周振宇　石永超　王晓岚

　　　　　　杨　潇　陈伟国　袁　昊　仲云飞　曹恒亮

　　　　　　鲍毅铭　王　翔　林顺辉

目　　录

1 总　则

1.0.1 为了加强上海市黄浦江和苏州河堤防设施日常维修养护工作,统一技术标准,提高维修养护质量,确保堤防设施的安全,结合黄浦江和苏州河堤防设施维修养护工作的实际情况,制定本规程。

1.0.2 黄浦江和苏州河堤防设施的维修养护应遵循"防治结合、养修并重"的原则。

1.0.3 本规程适用于上海市黄浦江和苏州河堤防设施的维修养护,法律法规另有规定的,从其规定。

1.0.4 黄浦江和苏州河堤防设施的维修养护对象为黄浦江和苏州河堤防管理(保护)范围内的堤防护岸、防汛通道、绿化及相关附属设施。

1.0.5 黄浦江和苏州河堤防设施维修养护分日常维修养护、大修和抢修,本规程维修养护是指日常维修养护。

2 术 语

2.0.1 堤防设施

在河道沿岸建造的具有挡潮防洪能力的构筑物及其附属设施,具体包括堤防护岸、防汛通道、堤防绿化、防汛闸门、潮闸门井、监测管线、栏杆、橡胶护舷、堤防贴面、堤防里程桩号与标志牌等。

2.0.2 护岸

保护岸坡,防止波浪、水流侵蚀的堤防设施。上海市河道护岸主要包括防汛墙、护坡、土堤。

2.0.3 防汛墙

在河道沿岸具有挡潮防洪能力的一种堤防构筑物,上海市区段堤防的一种习惯性说法,由墙身、承台、桩基等组成,墙身主要为钢筋混凝土结构或浆砌块石结构,承台亦称之为底板。

2.0.4 护坡

采用抗冲材料在自然岸坡上修筑的覆盖层,使岸坡免受水流冲刷侵袭的工程措施。

2.0.5 土堤

采用土料在河道沿岸构筑的具有挡潮防洪能力的土质构筑物,上海市堤防中土堤主要分布在黄浦江上游岸段,堤身为梯形斜坡土堤,堤顶为硬质(混凝土或沥青)道路,堤内、堤外有青坎,迎水坡有块石或混凝土护坡。

2.0.6 防汛闸门

连接堤防护岸的钢质材料构筑物,非汛期或低水位时为开启状,汛期根据防汛要求须及时关闭,以确保防汛安全。防汛闸门型式有人字门、横拉门、平开门、翻板门等。

2.0.7 潮闸门井

连接堤防护岸的防汛排水构筑物,由拍门、闸门及启闭设备组成。

2.0.8 防汛通道

堤防护岸陆域侧沿岸线布置的服务于堤防设施日常巡查、维修养护、防汛抢险的专用通道。

2.0.9 维修养护

为了保证堤防设施完好,充分发挥堤防设施防汛功能效益,对堤防设施的损坏部位进行及时修复,对堤防设施的易损部位按相应标准进行定期保养。

3 基本要求

3.0.1 堤防设施的维修养护单位应配备必要的养护设备、检测设备及专业养护技术人员。

3.0.2 堤防设施的维修养护作业应做到文明、安全、卫生和高效,避免对交通、防汛及公众出行造成影响。

3.0.3 堤防设施维修养护作业现场应设置有效的隔离防护设施,确保有效隔离非施工作业人员。

3.0.4 堤防设施维修养护施工影响范围内的保护对象应予以保护,维修养护施工中被损坏的,应予以及时修复。

3.0.5 堤防设施维修养护标准应不低于原设计标准。

3.0.6 堤防设施维修养护应建立技术档案。

4 堤防设施巡查

4.1 一般规定

4.1.1 堤防设施巡查,是指为了保障堤防设施安全运行,充分发挥堤防设施防汛功能效益,及时掌握堤防设施养护和运行情况,对堤防设施所采取的陆上和水上巡视工作。

4.1.2 堤防设施巡查分为日常巡查、潮期巡查、汛期及特别巡查。

    1 日常巡查:经常性的一般巡视、察看堤防设施的运行状态。

    2 潮期巡查:每月两个高潮期和两个低潮期发生时段,应增加巡查频次。

    3 汛期及特别巡查:遇发生重大事故及台风、高潮、暴雨、洪水等防汛预警的,应连续不间断巡查。

4.1.3 堤防设施巡查内容包括护岸巡查、防汛(通道)闸门及潮闸门井巡查、防汛通道巡查、绿化巡查和其他附属设施巡查,具体的巡查内容详见 4.2 节。

4.1.4 堤防设施巡查频次应符合下列要求:

    1 陆上巡查:

      1) 日常巡查:每日巡查不少于 2 次。

      2) 潮期巡查:每月两个高潮期和两个低潮期不少于 1 次。

      3) 汛期及特别巡查:每年汛前、汛期、汛后不少于 1 次。暴雨、台风、洪水等自然灾害前后或遭受人为损坏时,应增加巡查频次。

2 水上巡查非汛期每周巡查不少于 2 次,汛期每周巡查不少于 3 次;遇台风、高潮、暴雨、洪水等防汛预警时,应增加巡查频次。

4.1.5 堤防设施的维修养护责任单位应当落实堤防设施的巡查制度,按照规定要求进行巡查,并应做好原始记录,及时分析整理,经校核后,定期进行整编和归档。

4.1.6 堤防巡查发现问题的处理应符合下列要求:

1 发现安全隐患、违规违章及不良行为和危害工程安全的活动,应及时报告上级主管部门,必要时应采取相应措施,防止问题严重化。

2 发现问题应记录问题类型、发现日期、里程桩号、位置及数量等,量测问题的范围和尺寸,并在现场予以标记。

3 能现场解决的问题,应及时解决。

4.2 巡查内容

4.2.1 堤防护岸巡查应包括以下内容:

1 墙体有无下沉、倾斜、错位、滑动、裂缝、破损、老化、露筋、剥蚀等情况。

2 变形缝有无损坏、填充物脱落、止水带断裂等情况。

3 护坡坡面有无坍塌、破损、松动、隆起、底部淘空、垫层散失等情况。

4 土堤有无雨淋沟、塌陷、裂缝、渗漏、滑坡和白蚁、害兽为害等;排水系统、导渗设施有无损坏、堵塞、失效;土堤有无渗漏、积水等迹象。

4.2.2 防汛闸门和潮闸门井巡查应包括以下内容:

1 闸门门槽有无堵塞、门底槛损坏、止水带老化及变形情况。

2 连接部件有无锈蚀、门墩损坏、门体变形等情况。

3 防汛闸门、潮闸门井闸门及通道门运行状况有无异常及整洁情况。

4.2.3 防汛通道巡查应包括以下内容：

    1 路面有无破损、裂缝、坍塌、沉降等。

    2 侧石和平石有无损坏、缺失情况及路肩坍塌等。

    3 道路排水是否通畅。

    4 路面是否整洁，有无超载、违规占用情况等现象。

4.2.4 堤防设施管理（保护）范围内绿化巡查应包括以下内容：

    1 有无违法占用、人为破坏现象，场地周边有无杂物、积水等。

    2 草坪、乔木、灌木、水生植物及花坛、花境等有无死株、苗木缺失、苗木倾斜、病虫害、杂草、不规范修剪等失管失养现象。

4.2.5 附属设施的巡查应包括以下内容：

    1 里程桩号有无损坏、遮挡、涂抹、调整等情况。

    2 标志牌有无损坏、锈蚀、松动、脱落、涂抹等情况。

    3 警示牌有无损坏、缺失、涂抹等情况。

    4 监测管线、工作井有无损坏，光缆有无裸露等情况。

    5 栏杆有无损坏、锈蚀、缺失等情况。

4.2.6 黄浦江和苏州河堤防设施管理（保护）范围内有无违规违章及不良行为等危害工程安全的活动，环境是否整洁、美观。

5 堤防护岸的维修养护

5.1 一般规定

5.1.1 堤防护岸的维修养护应确保与两侧相邻岸段有效平整连接,形成统一的整体受力结构。

5.1.2 堤防护岸的维修养护方案应根据检查和观测成果,结合工程特点、运用条件、技术水平、设备、材料等因素综合确定。

5.2 墙体裂缝

5.2.1 墙体裂缝维修养护应在裂缝已经稳定的情况下选择适当的方法进行修复,常规的裂缝修复方法可按照表5.2.1实施。

表 5.2.1 裂缝修复方法的选择

序号	裂缝类型	渗水现象	对结构强度的影响	修复方法	备　注
1	干裂缝	不渗水	影响抗冲、耐蚀能力	表面涂抹水泥砂浆、环氧砂浆或防渗涂料	
2	裂缝宽度≥0.3 mm(裂缝不贯穿)	不渗水	无影响	表面涂抹环氧砂浆	在裂缝表面处理
3	裂缝宽度≥0.3 mm(裂缝贯穿)	少量渗水	无影响	迎水面凿槽嵌补,背水面涂抹环氧砂浆	

序号	裂缝类型	渗水现象	对结构强度的影响	修复方法	备　注
4	对结构强度有影响的裂缝	渗水或不渗水	削弱或破坏	①钻孔灌浆封堵裂缝;②浇筑钢筋混凝土补强	采用一种或两种方法进行修复,如是沉陷缝须进行地基加固处理
5	施工缝	渗水或不渗水	有影响	①钻孔灌浆;②迎水面凿槽嵌补	

5.2.2 涂抹水泥砂浆进行裂缝修复应符合下列要求:

1 将裂缝处混凝土表面凿毛,平整糙面,清理干净后喷水并保持施工面为湿润状态,涂刷界面剂。

2 采用 1∶1～1∶2 的水泥砂浆涂抹混凝土表面并压实、抹光,涂抹的总厚度宜取 10～20 mm。

3 砂浆配置宜采用中细砂,水泥可用普通硅酸盐水泥,其强度等级不低于 42.5。

4 遇高温天气施工时,水泥砂浆涂抹 3～4 小时后应进行洒水养护,并防止阳光直射;遇低温天气施工时,应注意防冻。

5.2.3 涂抹防水快凝砂浆进行裂缝修复应符合下列要求:

1 将裂缝处混凝土表面凿毛,平整糙面,清理干净后喷水并保持施工面为湿润状态,涂刷界面剂。

2 涂抹防水快凝灰浆,厚度宜取 1 mm,待硬化后随即涂刷防水快凝砂浆,厚度宜取 5～10 mm,再重复上述步骤直至与原混凝土面齐平为止。

3 快凝灰浆(水泥与防水剂的拌合物)和快凝砂浆(水泥、砂与防水剂的拌合物)应随拌随用,严格控制一次拌合总量。

5.2.4 涂抹环氧砂浆进行裂缝修复应符合下列要求:

1 墙体修复的施工表面须清除干净,暴露钢筋须进行除锈并涂防锈底漆。

2 应严格按产品要求拌合砂浆料。

3 将搅拌好的修护料迅速批刮到处理好的施工表面,根据施工气温(施工温度范围 5℃～50℃)夏天 2 小时之内、冬天 3 小时之内须修复完毕。

4 施工时应用力压抹以确保修护料同基面完全粘附,并确保施工表面的平整性。

5 施工厚度宜取 2～20 mm。

5.2.5 凿槽嵌补进行裂缝修复应符合下列要求:

1 槽口形状根据裂缝位置和填补材料确定,槽口形状大致分为尖槽(多用于竖直向裂缝修复)、梯形槽(多用于水平向裂缝修复)和倒坡槽(多用于顶平面裂缝及有渗水的裂缝修复)三类,如图 5.2.5 所示。

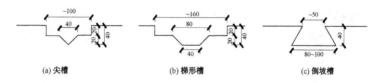

(a)尖槽   (b)梯形槽   (c)倒坡槽

图 5.2.5　槽口形状分类(单位:mm)

2 槽口应清理干净并修整槽口两侧混凝土。

3 选用水泥砂浆填补时,应保持槽内湿润,且槽口外侧混凝土面需进行凿毛处理,凿毛处理范围应根据需要确定。

4 选用环氧砂浆填补时,应保持槽内干燥,且施工厚度垂直面不宜超过 20 mm,水平面不宜超过 50 mm。

5.2.6 化学灌浆进行裂缝修复应符合下列要求:

1 钻孔:注浆型式和钻孔布置应结合实际情况确定,常规采用骑缝注浆型式,沿裂缝 200～500 mm 布孔,孔径为 12～18 mm,孔深为 100 mm。

2 压气检验:用耗气量来检查结构物内部是否存在大范围

的缺陷,检验时气压应稍大于注浆压力。

3 注浆方法:灌浆压力宜为 0.3～0.5 MPa,结束压力宜为 0.5～0.6 MPa,注浆时压力由低到高,当压力骤升而停止吸浆时,应停止注浆。

4 化学灌浆浆液类型的选择应根据实际情况确定,常规采用的浆液以改性环氧树脂类和高聚合物类为主。

5.3 墙体破损

5.3.1 墙体根据破损程度分为四类:轻度破损、中度破损、重度破损和墙体缺口,具体的划分界限如下:

1 墙体轻度破损:墙体破损深度小于 1 cm。

2 墙体中度破损:墙体破损深度为 1～5 cm。

3 墙体重度破损:墙体破损深度为 5～10 cm。

4 墙体缺口:墙体破损深度大于 10 cm。

5.3.2 墙体破损修复前应将表层损坏范围内的结构清除干净,清除时应符合下列要求:

1 清除方式根据清除难度和范围确定,针对墙体破损范围较小的情况应采用人工凿除方式清除。

2 清除范围应以清除至显露下部完好结构为准。

3 墙体修复的施工表面须清除干净,凿出钢筋须进行除锈并扳正。

5.3.3 修复墙体的轻度破损应符合下列要求:

1 根据 5.3.2 节的要求将表层破损范围内的结构清除干净。

2 严格按产品要求拌合环氧砂浆料。

3 将搅拌好的修护料应迅速批刮到处理好的施工表面,根据施工气温(施工温度范围 5℃～50℃)夏天 2 小时之内、冬天 3 小时之内须修复完毕。

4 施工时应用力压抹以确保修护料同基面完全粘附,并确保施工表面的平整性。

5 砂浆修补厚度宜取 2～20 mm。

5.3.4 修复墙体中度破损应符合下列要求:

1 根据 5.3.2 节的要求将表层破损范围内的结构清除干净。

2 严格按产品要求拌合修补材料(修补材料可采用水泥砂浆或环氧砂浆)。

3 将拌合好的修补材料迅速刮披到修补部位,根据气温的高低,在 20～45 min 内施工完毕,施工温度范围 0～40℃。

4 施工时应用力压抹以确保修护料同基面完全粘附,并确保施工表面的平整性。

5.3.5 修复墙体的重度破损可采用环氧砂浆或 C30 细石混凝土进行修补,修补材料可加入精选干燥的粗骨料(骨料粗细根据修补深度确定),并根据破损深度和范围合理增加钢丝网片进行加固,其他修复要求应参照 5.3.4 节要求实施。

5.3.6 修复墙体缺口应符合下列要求:

1 钢筋混凝土结构:

1) 根据 5.3.2 节的要求将表层破损范围内的结构清除干净。

2) 布置竖向钢筋和水平分布钢筋,竖向和水平钢筋品种宜选用 HRB400,但钢筋直径不小于修复墙体的钢筋直径,且竖向钢筋直径不小于 14 mm,分布钢筋直径不小于 10 mm。

3) 将凿出墙体钢筋与竖向钢筋焊接,浇筑 C30 混凝土与原有墙体接顺,并按混凝土的要求进行养护。

2 砌石结构:

1) 按照 5.3.2 节的要求将表层破损范围内的结构清除干净。

2）采用 M10 砂浆重新砌筑浆砌块石墙身和压顶,埋设锚固钢筋,锚固钢筋应选用 HRB400,钢筋直径不小于 14 mm,钢筋间距宜取 800 mm,长度不小于 800 mm。

3）凿出相邻两侧压顶钢筋并除锈、扳正。

4）在新筑块石墙身布设压顶钢筋,并与两侧压顶钢筋焊接连成整体。

5）浇筑 C30 混凝土与相邻岸段压顶接顺。

5.4 变 形 缝

5.4.1 变形缝的维修养护根据其构造和维修部位不同而异,钢筋混凝土结构变形缝的修复按照 5.4.2 节—5.4.4 节要求实施,砌石结构变形缝的修护按照 5.4.5 节要求实施。

5.4.2 钢筋混凝土结构原变形缝修复。

1 原有变形缝设有橡胶止水带且未断裂的,变形缝的修复方法应符合下列要求:

1）清理原有变形缝内已老化的填缝料,清理过程中不得损坏原有橡胶止水带。

2）将沥青麻丝(交互捻)3～4 道顺缝向内嵌塞,外周面留有 20 mm 缝口采用单组分聚氨酯密封胶嵌填。

3）密封胶嵌填宜在无风沙的干燥天气下进行;若遇风沙天气,应采取挡风沙措施。

4）密封胶嵌填完毕后,其外表面应平整、光滑。

2 原有变形缝未设有橡胶止水带或原有止水带失效的,变形缝修复采取原位修复或后贴式修复。

1）变形缝原位修复应符合下列要求:

（1）凿除原有墙体变形缝两侧混凝土(凿除宽度宜取 300～500 mm),凿出钢筋保留并扳正。

（2）凿出钢筋与止水带定位钢筋焊接。

（3）变形缝中间埋置橡胶止水带，缝间采用 20 mm 厚聚乙烯低发泡填缝板隔开，外周用单组分聚氨酯密封胶 20×20 mm 嵌填。

2）变形缝后贴修复应符合下列要求：

（1）清理原有变形缝缝内填料。

（2）临、背水面各嵌塞 3～4 道沥青麻丝（交互捻）。

（3）临水面外口采用单组分密封胶封口，缝中间缝隙采用聚氨酯发泡堵漏剂堵实。

（4）凿除背水侧原有变形缝两侧混凝土面层，凿除长度宜取 400 mm，凿除深度宜取 50 mm；凿出钢筋保留，清理干净后与止水带定位钢筋焊接。

（5）埋置橡胶止水带，采用 20 mm 厚聚乙烯低发泡填缝板隔开，立模后浇筑 C30 混凝土，外周用单组分聚氨酯密封胶 20×20 mm 嵌缝。

（6）变形缝后贴修复不设临时防汛墙，维修时应先处理变形缝临水侧，后处理变形缝背水侧。

5.4.3 钢筋混凝土结构墙体接高变形缝处理应符合下列要求：

1 原有墙体变形缝两侧混凝土凿出钢筋保留，将凿出的原有橡胶止水带外周面清洗干净，并割除其顶部老化部分。

2 原有变形缝填缝料应清除干净，用专用"胶黏剂"将同规格新老橡胶止水带粘接牢，搭接长度应大于 100 mm，并将凿出钢筋与止水带定位钢筋焊接。

3 立模浇筑混凝土至防汛墙设防顶标高，缝间采用 20 mm 厚聚乙烯低发泡填缝板隔开，外周用单组分聚氨酯密封胶 20×20 mm 嵌缝。

4 变形缝须保证整条缝的完整性，缝口须上下对齐。

5 修复范围：迎水侧至防汛墙底板底，背水侧至地面以下 20 cm。

5.4.4 钢筋混凝土结构墙体与桥梁墩（台）连接点变形缝处理应

符合下列要求：

    1 清理墙体与桥梁墩（台）之间原有变形缝。

    2 临水侧及背水侧各嵌 3～4 道沥青麻丝（交互捻），嵌塞范围为：墙顶至底板底面。

    3 临水侧外口留 20 mm 采用单组分聚氨酯密封胶封口，中间采用聚氨酯发泡堵漏剂堵实。

    4 凿除防汛墙与桥梁墩（台）连接处的墙体，凿除宽度宜取 300～500 mm，深度宜取 50～100 mm，浇筑钢筋混凝土转角墙使之与桥梁墩（台）齐平，中间埋设遇水膨胀橡胶条，缝间采用聚乙烯低发泡填缝板填塞，外周采用单组分聚氨酯密封胶 20×20 mm 封口。

    5 在桥墩与底板连接处设置砖砌截渗井，并通过排水管接入市政管网；截渗井须与新设止水结构形成封闭。

5.4.5 砌石结构变形缝修复方法应符合下列要求：

    1 砌石结构变形缝内的老化嵌缝料应清理干净。

    2 临水面及背水面各嵌塞 3～4 道沥青麻丝（交互捻），外周采用单组分聚氨酯密封胶 20×20 mm 封口。

    3 变形缝中间缝隙采用聚氨酯发泡堵漏剂堵实。

5.5 渗 漏

5.5.1 渗漏处理应遵循"以堵为主、辅以疏导"的原则。

5.5.2 渗漏处理应根据渗漏的原因制定对应的处理方案，主要分为墙体渗漏处理和地基渗漏处理；墙体渗漏处理按照 5.5.3 节要求实施，地基渗漏处理按照 5.5.4 节要求实施。

5.5.3 墙体渗漏处理根据渗漏部位分为墙体裂缝渗漏、穿墙设施处墙体渗漏和变形缝渗漏，具体的维修养护方案应符合下列要求：

    1 墙体裂缝导致的渗漏问题按照 5.2 节要求实施。

2 穿墙设施处墙体的渗漏：

1）迎水面处理：低潮位时进行修复，修复前应清除穿墙设施周边杂物及失效的充填料；根据穿墙设施管口缝隙的尺寸采用遇水膨胀止水条或沥青麻丝进行人工嵌塞密实，外口再采用单组分聚氨酯密封胶封口；施工时如有潮拍门损坏，应予以更换。

2）背水面处理：若穿墙设施位于地面以上，处理方法与迎水面相同。若穿墙设施位于地面以下，迎水面处理后，墙后开槽探查穿墙设施有无损坏，若损坏则予以更换；若穿墙设施完好，对内侧接口处特别是管口底部进行灌浆补强加固。

3）槽口回填：穿墙设施渗漏修复后，穿墙设施与墙体的接口部位应采用土工布遮帘（两侧搭接长度宜大于0.5 m），并采用水泥土回填夯实。

3 变形缝渗漏：

1）变形缝处理方式根据原有变形缝结构型式，结合现场情况按照5.4节要求实施。

2）若变形缝结构存在不均匀沉降现象，应先进行地基加固处理，再进行变形缝的处理，地基加固可采用压密注浆进行处理。

5.5.4 地基渗漏的处理应符合下列要求：

1 地基渗漏的处理均应安排在低潮位时进行，处理方法应参照《上海市地基处理技术规范》，必要时可选用高聚物防渗等新工艺和新方法。

2 板桩脱榫渗漏修复，应先对板桩缝进行嵌塞，然后在墙后进行地基加固，最后在迎水侧对板桩缝进行水平灌浆加固，水平灌浆水平向间距宜取0.5 m，垂直向间距宜取1 m。

3 无桩基且底板裸露于泥面以上的护岸结构，应对底板露出部位进行封堵，并进行坡面覆盖。

5.6 护 坡

5.6.1 护坡型式主要有干砌块石护坡、浆砌块石护坡、灌砌块石护坡、堆石(抛石)护坡、混凝土护坡和柔性护坡。

5.6.2 干砌块石护坡修复应符合下列要求：

  1 护坡砌筑时应自下而上进行，确保石块立砌紧密；护坡损坏严重时，应整仓进行修筑。

  2 砌筑前应按设计要求补充护坡下部流失填料，砌筑材料应符合设计要求。

  3 水下干砌块石护坡暂不能修补的，可采用石笼网兜的方式进行护脚。

5.6.3 浆砌块石护坡修复前应将松动的块石拆除并将块石灌浆缝冲洗干净，选择合适的块石进行坐浆砌筑。针对较大的三角缝隙，宜采用混凝土回填。

  为防止修复时上部护坡整体滑动坍塌，可在护坡中间增设一道水平向阻滑齿坎。

5.6.4 灌砌块石护坡修复应符合下列要求：

  1 翻拆原有块石护坡的损坏部分，并将原土坡面填实修平。

  2 在原土坡面铺垫土工布，上方铺碎石垫层，厚度宜为150 mm；再铺砌块石，块石厚度宜大于350 mm，块石之间缝隙宽度宜取50～80 mm；缝间灌满细石混凝土，混凝土强度等级不低于C25。

5.6.5 堆石(抛石)护坡修复的石块应达到设计要求的直径，且最小块石的直径应不小于设计块石直径的1/4，且块石应质地坚硬、密实、不风化、无缝隙和尖锐棱角。

  当堆(抛)石体底部垫层存在冲刷，应按滤料级配铺设垫层，且厚度应不小于300 mm。

  抛石后应进行表面理砌整平，防止松动过大，堆石厚度宜取

0.5～1.0 m。

5.6.6 混凝土护坡修复应符合下列要求：

1 原混凝土护坡损坏部位应凿毛并清洗干净后，采用混凝土填铺，确保新旧混凝土紧密接合。

2 浇筑混凝土强度等级应不低于原护坡混凝土强度等级。

5.6.7 柔性护坡的修复应符合下列要求：

1 柔性护坡绿化缺损处及时补植、补栽，恢复原貌。

2 柔性护坡冲刷严重的应考虑增设防冲设施。

3 护坡绿化应根据植物的长势适时修剪，加强病虫害防治，适时养护。

5.7 贴 面

5.7.1 墙体贴面应完好、整洁，外观统一。

5.7.2 当贴面开裂，贴面修复应按照下列要求实施：

1 凿除开裂贴面，根据 5.2～5.3 节的技术要求进行墙体裂缝修复。

2 重新铺贴面砖。

5.7.3 当贴面损坏且贴面与括糙层脱离，贴面修复应按照下列要求实施：

1 确定并标识修复范围，修复范围应至原贴面分格处。

2 凿除修复范围内贴面及括糙层。

3 清理基层并浇水保持润湿。

4 用水泥砂浆括糙（混凝土墙面可用混合砂浆），厚度视原括糙层厚度而定，如厚度超过 20 mm，括糙应分层隔天完成。

5 浇水养护 1～2 d 后，进行重新贴面。

6 贴面应选择或打磨合适贴面尺寸，贴面镶贴前宜在清水中浸泡 2～3 h 后阴干备用。

7 如需分格缝勾嵌，应在面砖铺贴 1～2 d 后进行；分格缝勾嵌硬化后,进行贴面清洁。

5.7.4 当贴面完好但贴面与括糙层脱离或糙面与基层脱离(底壳),贴面修复应按照下列要求实施:

1 确定修复范围:针对贴面与括糙层脱离的情况可用小锤轻敲面砖,确定修复范围;针对糙面与基层脱离(底壳),修复范围应为底壳边缘以外 0.2～0.3 m 区域。

2 确定钻孔位置:每平方米宜布置 8～16 个孔(贴面与括糙层脱离的,宜取大值)。

3 钻注入孔:针对贴面与括糙层脱离的情况,钻孔孔径 8 mm,钻进基层深度 10 mm;针对糙面与基层脱离(底壳),钻孔直径比选用螺栓直径大 2～4 mm,钻进基层深度为30 mm。

4 用气泵清除孔中粉尘。

5 待孔眼干燥后用环氧树脂灌浆,糙面与基层脱离(底壳)的,需植入螺栓。

6 清除溢出的环氧树脂。

7 待环氧树脂凝固后,用水泥砂浆封闭注入口。

5.8 土 堤

5.8.1 土堤应保持坡面自然,堤顶平顺、无坑洼,无堆积杂物。

5.8.2 土堤出现雨淋沟、浪窝、坍塌或墙后填土区下陷时,应及时按原设计标准填补夯实。内、外坡面绿化缺损应及时修复。

5.8.3 土堤发生裂缝,应针对裂缝特征按照下列规定处理:宽度小于 5 mm、深度小于 0.5 m 的裂缝,采取封闭缝口的方式处理;宽度 5～10 mm、深度 0.5～1 m 的裂缝,采取开挖回填夯实处理;宽度大于 10 mm、深度大于 1 m 的裂缝,应及时上报管理部门,并根据管理部门要求及时处理。

5.8.4 土堤堤身遭受白蚁危害时,应采取毒杀、诱杀、扑杀等方法防治。蚁穴、兽洞可采用灌浆或者开挖回填等方法处理。

6 防汛闸门、潮闸门井维修养护

6.1 一般规定

6.1.1 维修养护的原则是定期养护、汛前维修、汛后检查,达到防汛闸门正常使用的条件,确保防汛安全。

6.1.2 维修养护的任务是保持闸门完整清洁、操作灵活、运行安全可靠,对检查发现的缺陷和问题,及时进行保养和修复。

6.1.3 维修养护工作应作详细记录。

6.1.4 维修工程应参照《水利工程施工质量检验与评定标准》配套用表填写相关表格,并留作档案。

6.2 防汛闸门维修养护

6.2.1 防汛闸门每年油漆一次,应安排在非汛期。

6.2.2 防汛闸门底槛修复应符合下列要求:

    1 凿除原有门槛两侧各约 0.5 m 的底板,凿除深度约 0.2 m,凿出钢筋保留,凿除面须清除干净。

    2 新埋设的闸门底槛预埋件及钢筋须与原有底板凿出钢筋焊接连成整体。

    3 闸门底槛以及闸门顶、底枢、轮轨定位按照总体图平面位置进行放样,同时还应按照现场闸门的实际尺寸进行最后核定。

    4 闸门底槛凿除前,应将原有闸门进行启闭检验,确定闸门底槛的正确位置,避免造成闸门无法启闭。

    5 根据现场实际情况,调整底槛踏板、钢翻板厚度和沟槽盖板的厚度,底板踏板厚度不小于 12 mm,钢翻板厚度不小于

15 mm,沟槽盖板厚度不小于 15 mm。

6.2.3 防汛闸门门体修复应符合下列要求:

1 闸门门叶构件锈蚀严重时,宜采用加强梁格为主的方法加固。面板锈蚀严重部位可补焊新钢板加强,新钢板的焊接缝应在梁格部位;或使用环氧树脂黏合剂粘贴钢板补强。

2 若钢板、型钢焊缝局部损坏或开裂,宜进行补焊或更换新钢板,补强所使用的钢材和焊条必须符合设计要求。

3 门叶变形的应先将变形部位矫正,然后进行必要的加固。

4 门体锈蚀、止水带老化维护应符合以下下列要求:

1)门叶:喷砂丸除锈达到 Sa2.5 级,表面显露金属本色后涂二道红丹过氯乙烯防锈漆,一道海蓝环氧脂水线漆,每道干膜不小于 60 μm。

2)门体整形:闸门在关闭位置时所有水封的压缩量不小于 2 mm。闸门安装完毕验收合格后,除水封外再涂一道海蓝色环氧脂水线漆,干膜不小于 60 μm。

3)水封:按原规格尺寸配置调换,材料采用合成橡胶,所有水封交接处均应胶接,接头必须平整牢固不漏水,水封安装好后,其表面不平整度不大于 2 mm。

4)支铰:应使闸门达到灵活转动,启闭自如。

5 防汛闸门门叶底部锈蚀严重应符合下列要求:

1)闸门门叶卸除前,须按防汛标准设置临时防汛墙,临时防汛墙应满足"上海市黄浦江防汛墙工程设计技术规定"的要求。

2)施工时应首先将闸门门叶尺寸以及各种配置材料规格现场量测,确定正确无误后才能将门下卸。然后将底部一节门叶连同工字钢连接横梁割除。施工中严格按照原有规格尺寸落料,并按闸门施工相关规范要求将闸门门叶原样恢复。

6.2.4 防汛闸门零部件更换应符合下列要求:

1 按"一用一备"的安全运行使用要求,配齐每道闸门的紧固装置。

2 所有闸门零配件及闸门预埋件应进行定期维修保养,使之达到灵活、转动自如,不符合要求的应及时更换。

3 推拉门开启及关闭时应确保始终有三个支点(顶轮限位装置)支撑于门体上,缺失或损坏时应及时进行增补和更换。

6.2.5 防汛闸门接高应符合下列要求:

1 闸门顶标高低于防汛设防标高要求 0.2 m 以上时,应对闸门接高。

2 闸门接高时,原有门顶埋件及连接部件都应随之调整。接高小于 0.3 m 时闸门可简单接高。接高超过 0.3 m 时应对原闸门进行整体安全稳定复核,根据复核结果再确定加高方式。

6.2.6 闸门关闭定位后进行水密试验 5 分钟,试验以止水橡皮接缝处不漏水为合格。

6.2.7 防汛闸门的使用应符合下列要求:

1 闸门经过维修养护满足正常使用要求后,在向所在使用单位进行移交时应进行一次现场操作示范并书面告知防汛闸门相关使用要求。

2 闸门应根据防汛要求及时关闭。闸门开启或关闭均应由专人负责操作。

3 闸门关闭就位后,应按设计要求安装其他各部分的紧固锁定装置,每个张紧器的拉力力求平均,所有橡胶止水带的压缩量不小于 2 mm。

6.3 防汛闸门临时封堵

6.3.1 暂无使用需求的防汛闸门应临时封堵。

6.3.2 防汛闸门临时封堵应符合下列要求:

1 凿除原有底板及两边侧墙面 250 mm,凿出钢筋保留,凿除面清理干净后涂刷混凝土界面剂,以保证新老混凝土结合面连接质量。

2 采用 C30 钢筋混凝土进行墙体封堵,厚度不小于 400 mm。

3 应将原有凿露钢筋与新布置的钢筋焊接成整体,浇筑钢筋混凝土墙体与两侧防汛墙连成整体。

6.4 潮闸门井的维修养护

6.4.1 潮闸门井由拍门、闸门及启闭设备等组成,大多采用成套定型产品,在使用过程中设备如发生故障,应请专业维修人员到现场维修。潮闸门井应定期进行养护,每年不少于2次。潮闸门井的维修养护包括闸门启闭机维修养护和潮闸门井清理。

6.4.2 启闭机的维修养护应符合下列要求:

1 启闭机动力分为电动、手动及手电两用型,电动部分需要有相应维护措施。

2 启闭机动力要求:有足够容量供电电源(重要的还需有备用电源),良好的供电质量,电动机设备有良好的工作性能。

3 电动机的日常维护应符合下列要求:

1) 保持电动机外壳上无灰尘污物。

2) 检查接线盒压线螺栓是否松动、烧伤。

3) 检查轴承润滑油脂,使之保持填满空腔的 1/2～2/3。

4 操作设备的维护应符合下列要求:

1) 电动机的主要操作设备如闸刀、电源开关、限位开关等,应保持清洁干净,触点良好,机械转动部件灵活自如,接头连接可靠。

2) 限位开关经常检查调整,使其有正确可靠的工作性能,不能经常运行的闸门应定期进行试运转。

3) 保险丝必须按规格准备备件,严禁使用其他金属丝代替。

　　4）接地应保证可靠。

　　5　人工操作手、电两用启闭机时应先切断电源,合上离合器才能操作,如使用电动时应先取下摇柄,拉开离合器后才能按电动操作程序进行。

6.4.3　潮闸门井的清理应符合下列要求:

　　为方便闸门安全启闭,应定期对闸门井进行清理,清除井内淤积的垃圾、杂物等,特别是拍门、闸门口的卡阻物。为防止杂物卡阻,除了加强管理和检查清理外,可结合具体情况,采取防护保护措施。如在闸口外设置拦污网截污。

6.4.4　井盖修复应符合下列要求:

　　闸门井井盖发生缺失或损坏时须予以及时补缺或修复,以确保闸门井安全运行,为方便闸门井检修,井口盖板一般采用多块钢筋混凝土预制板组成。

6.4.5　潮闸门井出现故障不能及时修复时,应经有关部门协调同意后方可进行临时封堵。

6.4.6　潮拍门损坏后,应及时修复,以避免潮水倒灌。修复应符合下列要求:

　　1　根据排放口尺寸确定相应规格的型号拍门。

　　2　拆除原有损坏的拍门,按产品要求重新安装拍门。

　　3　若拍门处墙体表面出现破损情况时,应首先将所有破损的混凝土凿除并清理干净,随后采用环氧砂浆修补平整。同时对管口外周进行止水修补,封堵渗水通道,然后在底座螺栓孔位置采用种植筋方式,埋置相应规格的地脚螺栓,锚固锚定底座,植筋深度不小于 150 mm。

7 防汛通道(桥梁)的维修养护

7.1 一般规定

7.1.1 本规程防汛通道维修养护范围不含泥结石路面结构和兼作防汛通道的市政道路。

7.1.2 防汛通道应安全畅通,路面平整、无坑洼破损,路基无塌陷。发生损坏时应及时修复。

7.2 混凝土路面

7.2.1 混凝土路面局部破损宜采用环氧修补砂浆修复,路面表层跑砂、骨料裸露等缺陷宜用环氧薄层修补砂浆修补,路面裂缝宜用裂缝修补胶修补。

7.2.2 混凝土路面大面积破损的修复应符合下列要求:

1 压实路基,压实度不小于 0.90,基土面不得有翻浆、弹簧、积水等现象。

2 压实碎石垫层,压实干密度不小于 21 kN/m³。

3 混凝土面层浇筑应避免在雨天施工,低温、高温和施工遇雨时应采取相应的技术措施。

4 缩缝采用锯缝法成缝,间距宜取 4～5 m,缝宽宜取 5～8 mm,缝深宜取 5 mm;当天气干热或温差过大时,宜先隔 3～4 块板间隔锯缝后逐块补锯;缩缝锯割后进行清缝,灌注沥青料封缝。

7.2.3 混凝土路面修复冬季施工应注意以下事项:

1 当平均温度低于 0℃时,禁止施工。

2 混凝土浇筑时气温应不低于 5℃。

3 混凝土应包裹 1～2 层草包养护,当遇气温骤降时,应增加保温膜养护。

7.2.4 混凝土路面修复夏季施工应注意以下事项:

1 当白天气温大于 30℃时,应加快施工速度,必要时应加缓凝剂。

2 混凝土应包裹 1～2 层草包养护,湿治养生。

3 混凝土严禁烈日直射、曝晒。

4 当气温过高时,应避免午间施工。

7.3 沥青混凝土路面

7.3.1 沥青混凝土路面裂缝修复应符合下列要求:

1 扩缝:裂缝跟踪切割机沿路面裂缝走向开槽,开槽深度宜取 15～30 mm,宽度宜取 10～20 mm。

2 刷缝:钢丝刷刷缝,清除缝内杂物。

3 吹缝:高压森林风力灭火机吹缝,将缝内杂物吹除,吹缝遍数宜不少于 2 遍。

4 材料准备:将沥青路面修补密封胶放入灌缝机的加热容器加热。

5 灌缝:待自动恒温灌缝机内的材料达到使用温度后,将密封胶灌入缝内;灌缝完成后在密封胶面上均匀铺撒砂粒。

7.3.2 沥青混凝土路面大面积破损的修复应符合下列要求:

1 清除已损坏的道路路面及路基层,夯实路基,路基压实度不小于 0.90,如不满足则应进行地基加固;在道路两侧开沟引流,降低地下水。

2 铺筑压实并平整 150 mm 砾石垫层,平整度不大于 20 mm,压实干密度不小于 21.5 kN/m³。

3 垫层验收合格后,铺筑粉煤灰三渣基层或水泥稳定碎石。

4 当路基弯沉值小于 54.6(0.01 mm) 后, 方可砌筑路缘石, 铺筑 6 粗 4 细沥青混凝土面层。

5 若路基完好, 采用铣刨罩面的方法进行修复, 即先刨除损坏的沥青路面结构, 后加罩新的沥青路面结构。

7.3.3 沥青路面修复气温不宜低于 10℃, 雨天及气温低于 0℃ 不得施工。

7.3.4 沥青混凝土路面修复路面结构层强度不宜低于原结构强度标准; 不同种类的路面材料, 不得在面层修补中混用。

7.3.5 沥青路面基层表面应设置排水坡以防积水。

7.3.6 沥青路面基层碾压完成后, 应湿治养生。

7.4 防汛通道桥梁

7.4.1 桥梁路面损坏的维修养护按照 7.2～7.3 节要求实施。

7.4.2 桥梁栏杆应完好、整洁, 破损、缺失及变形大于 2 cm 时应及时按照原设计要求进行修复。

7.4.3 桥梁护坡应完好, 护坡修复应按照 5.6 节要求实施。

7.4.4 桥接坡因路基不稳造成的损坏, 应先进行地基处理, 路基层的压实度满足要求后, 再按原结构型式进行路面结构修复。

8 堤防绿化养护

8.1 基本要求

8.1.1 堤防绿化养护应符合下列基本要求:

1 根据植物生长习性,合理修剪整形,保持树形整齐美观,骨架均匀,树干基本挺直。

2 树穴、花池、绿化带应保持整洁,无垃圾堆积物。

3 树木缺株在1%以下,无死树、枯枝。

4 树木基本无病虫危害症状,病虫危害程度控制在5%以下,无药害。

5 无人为损害,无乱贴乱画乱钉乱挂乱堆乱放的现象。

6 种植5年内新补植行道树同原有的树种,规格应保持一致,并有保护措施。

7 绿篱生长旺盛,修剪整齐、合理,无死株、断档,无病虫害症状。

8 草坪生长旺盛、保持青绿、平整、无杂草,无裸露地面,无成片枯黄。

8.2 具体要求

8.2.1 堤防绿化养护应符合下列具体要求:

1 浇水排水:

1)浇水原则应根据不同植物生物学特性、树龄、季节、土壤干湿程度确定,做到适时、适量、不遗漏。每次浇水要浇足浇透。

2）浇水的年限。树木定植后一般乔木需连续浇水 3 年，灌木 5 年。土壤质量差、树木生长不良或遇干旱年份，则应延长浇水年限。

3）大树依据具体情况和浇水原则确定。地栽宿根花卉以土壤不干燥为准。

4）夏季高温季节应在早晨和傍晚进行、冬季宜午后进行。

5）雨季应注意排涝、及时排出积水。

2 施肥：

1）原则：为确保植物正常生长发育，要定期对树木、花卉、草坪等进行施肥。施肥应根据植物种类、树龄、立地条件、生长情况及肥料种类等具体情况而定。

2）施肥对象：定植五年以内的乔、灌木，生长不良的树木，木本花卉，草坪及草花。

3 修剪：

1）原则：修剪应根据树种习性、设计意图、养护季节、景观效果为原则，达到均衡树势、调节生长、姿态优美、花繁叶茂的目的。

2）修剪包括除芽、去蘖、摘心摘芽、疏枝、短截、整形、更冠等技术。

3）养护性修剪分常规修剪和造型（整形）修剪两类。常规修剪以保持自然树型为基本要求，按照"多疏少截"的原则及时剥芽、去蘖、合理短截并疏剪内膛枝、重叠枝、交叉枝、下垂枝、腐枯枝、病虫枝、徒长枝、衰弱枝和损伤枝，保持内膛通风透光，树冠丰满。造型修剪以剪、锯、捆、扎等手段，将树冠整修成特定的形状，达到外形轮廓清晰，树冠表面平整、圆滑，不露空缺，不露枝干，不露捆扎物。

4）乔木的修剪一般只进行常规修枝，对主、侧枝尚未定型的树木可采取短截技术逐年形成三级分枝骨架。庭荫树的分枝点应随着树木生长逐步提高。

5）行道树在同一路段的分枝点高低、树高、冠幅大小应基本一致，上方有架空电力线时，应按电力部门的相关规定及时剪除影响安全的枝条。

6）灌木的修剪一般应保持其自然姿态，疏剪过密枝条，保持内膛通风透光。对丛生灌木的衰老主枝，应本着"留新去老"的原则培养徒长枝或分期短截老枝进行更新。观花灌木和观花小乔木的修剪应掌握花芽发育规律，对当年新梢上开花的花木应于早春萌发前修剪，短截上年的已花枝条，促使新枝萌发。对当年形成花芽，次年早春开花的花木，应在开花后适度修剪，对着花率低的老枝要进行逐年更新。在多年生枝上开花的花木，应保持培养老枝，剪去过密新枝。

7）绿篱和造型灌木（含色块灌木）的修剪，一般按造型修剪的方法进行，按照规定的形状和高度修剪。每次修剪应保持形状轮廓线条清晰、表面平整、圆滑。修剪后新梢生长超过 100 mm 时，应进行第二次修剪。若生长过密影响通风透光时，要进行内膛疏剪。当生长高度影响景观效果时要进行强度修剪，强度修剪宜在休眠期进行。

8）草坪的修剪：草坪的修剪高度宜保持在 30～50 mm，当草高超过 80 mm 时应进行修剪。

9）修剪时间：落叶乔、灌木在冬季休眠期进行，常绿乔、灌木在生长期进行。绿篱、造型灌木、色块灌木、草坪等按养护要求及时进行。

10）修剪的剪口或锯口平整光滑，不得劈裂、不留短桩。

11）修剪应按技术操作规程的要求进行，须特别注意安全。

4　病虫害防治：

1）原则：全面贯彻"预防为主，综合防治"的方针，要掌握园林植物病虫害发生规律,在预测、预报的指导下对可能发生的病虫害做好预防。已经发生的病虫害要及时治理、防止蔓延成灾。病虫害发生率应控制在5％以下。

2）病虫害的药物防治要根据不同的树种、病虫害种类和具体环境条件,正确选用农药种类、剂型、浓度和施用方法,使之既能充分发挥药效,又不产生药害,减少对环境的污染。

3）农药要妥善保管。施药人员应注意自身的安全,必须按规定穿戴工作服、工作帽,戴好风镜、口罩、手套及其他防护用具。

5 松土、除草:

1）松土:土壤板结时要及时进行松土,松土深度一般为50～100 mm。

2）除草:掌握"除早、除小、除了"的原则,随时清除杂草,除草必须连根剔除。绿地内应做到基本无大型杂草。

6 补栽:

1）保持绿地植物的种植量,缺株断行应适时补栽。补栽应使用同品种、基本同规格的苗木,保证补栽后的景观效果。

2）草坪秃斑应随缺随补,保证草坪的覆盖度和致密度。

7 支撑、扶正:

1）倾斜树木,须进行扶正,落叶树在休眠期进行,常绿树在萌芽前进行。扶正前应先疏剪部分枝桠或进行短截,确保扶正树木的成活。

2）新栽大树和扶正后的树木应进行支撑。支撑材料在同一路段或区域内应当统一,支撑方式要规范、整齐。每年汛前要对支撑进行一次全面检查,对松动的支撑要及时加固,对坎入树皮的捆扎物要及时调整。

8.2.2 堤防绿化夏季养护应符合下列要求:

1 夏季根据干旱情况进行适时灌溉。

2 在台风汛期来临前夕,对树木存在根系浅、逆风、树冠庞大,枝叶过密及场地条件差等实际情况,应分别采取立支柱、绑扎、加土、扶正、疏枝、打地桩等措施。

3 对易积水的绿地及时做好排涝(加土平整、开沟排涝)工作。

8.2.3 堤防绿化冬季养护应符合以下要求:

1 卷干、包草:新植树木和不耐寒的树木,可用草绳卷干或用稻草包主干和部分分枝来防寒。

2 喷白涂白:用石灰硫磺粉对树身喷白涂白,可以降低温差骤变的危害,还可以杀死一些越冬病虫害。

3 深翻土壤,加施追肥,适时进行冬灌。

8.2.4 堤防绿化安全施工要求:

1 绿化养护的各道工序施工要做到以人为本,安全施工,文明作业。

2 绿化养护施工要统一着安全装,设施工警示语或警示标志,保证施工人员和过往行人的安全。

9 其他防汛设施的维修养护

9.1 堤防里程桩号与标志牌的修护

9.1.1 堤防里程桩号与标志牌应根据所在位置、对应功能,由相关管理部门按规定统一制作安装。

9.1.2 堤防里程桩号的设置方式有附着式和埋桩式两种。附着式适用于防汛墙(堤)顶高于地面 0.5 m 及以上的岸段,埋桩式适用于防汛墙(堤)顶面低于 0.5 m 及部分无直立防汛墙的岸段。

9.1.3 标志牌的设置方式有附着式和立杆式两种,应根据场地条件选择适合的设置方式。

9.1.4 堤防里程桩号与标志牌的维修养护应符合下列要求:

1 里程桩号及标志牌应保持完整、清洁、无损,应定期清洁维护,每年不少于 1 次。

2 对现有堤防上标示的不规范标记、标示进行统一清理。

3 里程桩号更新时,新桩号设定后应同时将老桩号标示清除。

4 配备足够的备用辅件,以备随时更换。

9.2 堤防监测管线修护

9.2.1 监测管线的敷设方式有直埋式、硬地坪敷式、面敷式等,应根据场地条件选择合适的敷设方式。管线工作井设置应与监测管线敷设方式相匹配。

9.2.2 堤防监测管线的日常巡查、维修养护与堤防同步进行。管线、检查井、接线盒、熔接包、光缆标示牌应保持完好。若发现损坏现象,应及时上报管理部门,并根据管理部门要求及时处理。

9.2.3 监测管线维修养护按《黄浦江和苏州河堤防监测管线管理办法(试行)》《黄浦江、苏州河堤防监测管线维修养护规程(意见稿)》等相关规定要求执行。

9.3 栏杆及橡胶护舷

9.3.1 护栏、栏杆等应保持完好,如有损坏,应及时按原设计标准进行整修或更新。钢结构护栏、栏杆应定期进行除锈、涂漆。

9.3.2 橡胶护舷应保持完好,如有损坏,应及时按原设计标准进行整修或更新。

10 堤防设施保洁

10.0.1 堤防设施保洁范围包括堤防管理（保护）范围内陆域侧堤防建、构筑物、绿化、防汛通道及相关的附属设施的保洁，不含水上保洁。

10.0.2 堤防保洁应做到基本清洁，无废弃物（垃圾）。

10.0.3 建、构筑物立面应无明显污痕、乱贴、乱挂等现象；河道标识等附属设施应无明显污迹。周围地面应无抛洒、残留垃圾。

10.0.4 防汛通道路面、边沟、下水口、树穴等应整洁、无堆积物。

10.0.5 陆域保洁频率：黄浦江上游二周1次，黄浦江中下游、苏州河一周1次。

10.0.6 清扫的垃圾应集中堆放并及时清理，严禁就地焚烧。

11 档案管理

11.0.1 建立健全档案管理制度,并有熟悉工程管理及掌握档案管理知识的专职或兼职人员管理档案。

11.0.2 按照维修养护要求分类建立档案科目。档案资料由文字材料、图纸、表格、照片、录音、像带、光盘等组成,分类清楚,存放有序,按时归档。

11.0.3 档案主要内容应包括:

    1 国家、本市与堤防维修养护有关的文件,堤防各类技术管理、维修养护有关规范、规程、标准和办法。

    2 维修养护所形成的记录和资料。

    3 维修养护招投标文件、合同方案、资金使用及审计情况、工作计划及总结等。

11.0.4 严格执行保管、借阅制度,做到收、借有手续,外单位需借用资料,应经单位负责人同意方可借出,并按规定时间催还。

11.0.5 逐步实行技术档案的数字化及计算机管理。

附录 A 维修养护施工技术要求

A.1 常用材料使用技术要求

堤防设施在维修养护中常用的材料要求除正文中已明确注明外,其余必须满足下列要求:

1 混凝土:

1) 混凝土强度等级:C30。

2) 混凝土保护层:30 mm。

3) 水泥砂浆标号:不低于 10 MPa;砂浆应随拌随用,一般宜在 3~4 小时内用完;气温超过 30℃时,宜在 2~3 小时内用完,如发生离析、泌水等现象,使用前应重新拌和,已凝结的砂浆,不得使用。

2 钢材:

1) 钢筋:"A"为 HPB300,"C"为 HRB400。

2) 钢材:Q235A;防汛闸门零部件:不锈钢等。

3) 钢筋搭接长度:绑扎 35d,弯钩 10d。

4) 钢筋焊接长度:双面焊 5d,单面焊 10d。

5) 钢材(型钢)焊缝高度≥6 mm;

6) 电焊条型号:E4303,E5003。

3 钢筋锚固(预埋):化学锚固。

1) 植筋材料:喜利得植筋一号(喜利得 HLT-HY150)。

2) 钢筋规格:C12,C14,C16,C20。

3) 钢筋埋置深度:140 mm(C12,C14),200 mm(C16,C20)。

闸口底槛修复,预埋件采用植筋方式时,根据现场情况宜选用 C16~C20 规格。

4 石材：

所有石材包括块石、碎石、砂等均应满足新鲜、完整、干净、质地坚硬、不得有剥落层和裂纹规定，石料抗压强度不小于 30 MPa。

    1） 砌石体石料：块石外形大致呈方形，上、下两面大致平整、无尖角、薄边，块石厚度不小于 200 mm。宽度为厚度的 1.0~1.5 倍，长度为厚度的 1.5~3.0 倍（中锋棱锐角应敲除），一般为花岗岩。块石砌体容重 $\gamma_{石} = 22 \sim 22 \text{ kN/m}^3$。

    2） 碎石：具有一定级配，不含杂质，洁净、坚硬、有棱角，不允许用同粒径山皮、风化石子、不稳定矿渣替代。压实干密度不小于 21 kN/m³。

    3） 砾石砂：设置于路基与基层之间的结构层（隔离层），用以隔断毛细水上升侵入路面基层，压实干密度不小于 21.5 kN/m³。

5 回填土：

    1） 回填前必须将基坑内杂物清理干净，回填时基坑内不得有积水，严禁带水覆土。

    2） 回填土不得使用腐殖土、生活垃圾、淤泥，也不得含草、树根等杂物，不同种类的土必须分类堆放、分层填筑、不应混杂，优良土应填在上层。

    3） 回填土每层松铺厚度≤300 mm，分层回填夯实。

    4） 桥台与路基接合部回填应采用道碴间隔土填筑压实，每层松铺厚度≤300 mm（100 mm 道碴，200 mm 土），并略向桥外方向倾斜以利排水，压路机压不到的部位采用人工夯实。

    5） 排水管道顶面以上的回填土摊铺时应对称，均应人工薄铺轻夯分层回填夯实。

6）回填土质量控制标准：① 环刀法检验，每层一组（3 点），压实度不小于 90%；② 干密度 $\gamma_d \geqslant 14.5\ \text{kN/m}^3$。

6 堤防工程施工维修质量控制要求：

1）施工过程由专业监理人员控制施工质量。

2）按照上海市工程建设规范 2014 年颁发的《水利工程施工质量检验与评定标准》执行。

A.2 橡胶止水带技术性能要求

A.2.1 材料

具有抗老化性能要求的合成橡胶止水带(满足规范指标"J")。

A.2.2 规格

1 中心圆孔型普通止水带规格:300×8×Φ24。

2 中心半圆孔型普通止水带规格:300×10×R12~20。

A.2.3 橡胶止水带物理力学性能要求

拉伸强度≥10 MPa;

扯断伸长率≥300%;

硬度(邵尔 A)60±5 度;

脆性温度<−40℃。

A.2.4 止水带施工关键技术要求

1 变形缝缝口必须上下对齐,呈一垂直线。

2 止水带离混凝土表面的距离应≥150 mm。

3 止水带搭接长度应≥100 mm,专用粘结材料搭接。

4 止水带的中心变形部分安装误差应小于 5 mm。

5 止水带周围的混凝土施工时,应防止止水带移位、损坏、撕裂或扭曲;止水带水平铺设时,应确保止水带下部的混凝土振捣密实。

A.2.5 质量检查和验收

1 止水带表面不允许有开裂、缺胶、海绵状等影响使用的缺陷,中心孔偏心不允许超过管状断面厚度的 1/3。止水带表面允许有深度不大于 2 mm,面积不超过 16 mm² 的凹痕、气泡、杂质、明疤等缺陷,每延米不超过 4 处。

2 止水带应有产品合格证和施工工艺文件。现场抽样检查每批不得少于一次。

3 应对止水带工种施工人员进行培训。

4 应对止水带的安装位置、紧固密封情况、接头连接情况、止水带的完好情况进行检查。

A.2.6 防汛闸门门上的橡胶止水带物理力学性能要求

参照上述第三条执行。

A.3 密封胶技术要求

A.3.1 材料

单组分聚氨酯嵌缝密封胶。

A.3.2 工作温度

5℃～40℃。

A.3.3 防汛墙变形缝嵌缝胶技术性能要求

表干时间	约 3 h
下垂度	≤3 mm
固化速率	2～6 mm/24 h
拉伸强度	1.0 MPa
密度	$(1.2\pm0.1)g/cm^3$
断裂伸长率	400%
适应温度	−80℃～+45℃
邵氏硬度	25～35

A.3.4 施工关键

当材料选定后,则嵌缝胶粘贴质量保证的关键是被粘物表面处理的质量,为此须注意两方面:

1 混凝土粘结表面必须为混凝土基材,不能有浮材。

2 混凝土基材的粘结表面必须无油污和无粉尘。

A.3.5 胶层厚度的确定

嵌缝胶层厚度一般应不小于变形缝宽度的三分之二,例变形缝宽度为 30 mm,胶层厚度应≥20 mm,当变形缝宽度为 20 mm 时,则胶层厚度不小于 15 mm。

A.3.6 施工工艺及程序

1 根据设计要求确定所需嵌缝胶灌注厚度。

2 用角向磨光机薄片磨盘打磨嵌缝胶粘结表面,磨去一层厚约 2 mm 左右,露出砂石即可。

3 变形缝侧壁不灌注聚氨酯胶部分用聚乙烯低发泡泡沫板填塞。

4 在无风沙情况下,用高压空气吹去表面尘埃。

5 用白色无油回丝醮丙本酮擦拭粘结表面,直到白色无油回丝擦拭后,仍为白色,无污点时,才合格。

6 缝口两边粘贴不干胶带,保护缝口两边混凝土不粘上嵌缝胶,保证缝口齐直,均匀美观。

7 把单组分聚氨酯软管头部剪开,置于聚氨酯密封胶专用挤胶枪中,头部套好锥形塑料嘴。

8 在干燥、无潮湿状态下,把单组分聚氨酯胶挤出少许,用括刀在粘结表面用力薄薄地来回按压刮胶,使胶能浸润入混凝土粘结表面空隙(或毛细孔中)。

9 由下而上逐步灌注单组分聚氨酯嵌缝胶。

10 用湿润铲刀刮平、收光。

11 撕去缝口两侧保护带。

12 清理现场。

A.3.7 注意事项

1 聚乙烯低发泡泡沫板作为填充物其形状和尺寸必须事先根据防汛墙横断面尺寸和嵌缝胶厚度予以确定,然后制作样板,并用电热钢丝锯按样板予以切割,以便到现场后可直接对号放置。其厚度也应事先测量好,以便选择。

2 灌胶时,必须在无刮风沙的干燥的天气下进行,粘结表面必须干燥,不潮湿,若遇刮风天气,宜采取挡风沙措施,以防粘结表面因粘上尘埃而影响黏结力。

3 嵌缝胶尚未表干前,不得有人去摸或其他物品接触,以免表面拉毛难看,应吊牌予以警示。

4 采购单组分聚氨酯时,必须注意所购数量应在其注明的保质期内使用完毕。若使用不完,易失效,造成浪费。

A.4 压密注浆技术要求

A.4.1 处理目的

防渗堵漏,提高地基土的强度和变形模量。

A.4.2 布孔

布孔:不少于三排。

孔距:1 m(纵、横向),第一排孔距防汛墙应小于 0.8 m 布置。

孔深:不小于 5 m(从地面算起)。

A.4.3 压密注浆顺序

纵向:间隔跳注。

横向:先前、后排,后中间排。

A.4.4 压密注浆方式

自下而上分段注浆法,注浆段为 0.5~1.0 m。

A.4.5 压密注浆技术参数

1 注浆材料:42.5 普通硅酸盐水泥。

2 浆液配合比:水灰比:0.3~0.6,掺 2%~5% 水玻璃或氯化钙,也可掺 10%~20% 粉煤灰。

3 注浆压力:

1) 起始注浆压力:≤0.3 MPa。

2) 过程注浆压力:0.3~0.5 MPa。

3) 终止注浆压力:0.5 MPa。

4 进浆量:7~10 L/sec。

A.4.6 施工注意事项

1 注浆结束应及时拔管,清除机具内的残留浆液,拔管后在土中所留的孔洞应用水泥砂浆封堵。

2 浆液沿注浆管壁冒出地面时,宜在地表孔口用水泥、水玻璃(或氯化钙)混合料封闭管壁与地表土孔隙,并间隔一段时间后再进行下一个深度的注浆。

3 如注浆从迎水侧结构缝隙冒出,则宜采用增加浆浓度和速凝剂掺量、降低注浆压力、间歇注浆等方法。

4 灌浆时一旦发生压力不增而浆液不断增加的情况应立即停止,待查明原因采取措施后才能继续灌浆。

A.4.7 注浆质量检验

1 注浆结束 10 天后,两次高潮位观察地面不渗水。

2 28 天后土体 Ps 平均值≥1.2 MPa。

A.5 高压旋喷技术要求

A.5.1 高压旋喷桩直径:600 mm,间距 400 mm。

A.5.2 旋喷方式:二重管法。

A.5.3 施工程序:定位→钻孔→插管→旋喷→冲洗→移位。

A.5.4 浆液材料(参考值):

1 水泥:强度等级不低于 42.5 普通硅酸盐水泥。

2 水灰比:1∶1～1.5∶1(浆液在旋喷前 1 小时内搅拌),也可掺氯化钙 2%～4%或水玻璃 2%(水泥用量的百分比)。

A.5.5 高压喷射注浆技术参数(参考值):

1 空气:压力 0.7 MPa;流量 1～2 m^3/min;喷嘴间隙 1～2 mm,喷嘴数量 2 个。

2 浆液:压力 20 MPa;流量 80～120/min;喷嘴孔径,2～3 mm,喷嘴数量 2 个。

3 注浆管外径:>42 mm,<75 mm。

4 提升速度:约 10 cm/min。

5 旋喷速度:约 10 r/min。

6 固结体直径:>600 mm。

A.5.6 施工要求:

1 旋喷注浆管进入预定深度后,先应进行试喷。然后根据现场实际效果调整施工参数。

2 发生故障时,立即停止提升和旋喷,排除故障后复喷,复喷高度不小于 500 mm。

3 施工时,必须保持高压水泥浆和压缩空气各管路系统不堵、不漏、不串。

4 拆卸钻杆继续旋喷时,须保持钻杆有 100 mm 以上的搭接长度。成桩中钻杆的旋转和提升必须联系不中断。

5 施工时,应先喷浆,后旋转和提升。

6 作好压力、流量和冒浆量的量测和记录工作。

A.5.7 施工完毕应把注浆泵、注浆管及输浆管道冲洗干净,管内不应有残存浆液。

A.5.8 放喷作业前要检查高压设备和管路系统,其压力和流量必须要满足设计要求。注浆管及喷嘴内不得有任何杂物。注浆管接头的密封圈必须良好。

A.5.9 在旋喷过程中,钻孔中正常的冒浆量应不超过注浆量的20%。超出该值或完全不冒浆时,应查明原因并采取相应措施。

A.5.10 旋喷桩质量检验

旋喷注浆结束28天后,旋喷桩无侧限抗压强度不小于1.2 MPa,抗剪强度应大于0.2 MPa,渗透系数小于1×10^{-6} cm/s。

A.6 水泥土回填技术要求

1 基坑内建筑弃料、垃圾必须清除干净。

2 采用的填筑材料严禁混入垃圾。

3 基坑应在无水状态下,方能进行回填土的施工作业。

4 水泥土回填技术指标:

   1) 水泥掺和量 6%～10%(重量比)。

   2) 土料含水量 20% 左右(黏性土,不得含有垃圾及腐蚀物)。

   3) 经充分拌匀后,分层回填夯实。

5 回填土质量控制标准:$\gamma_\mp \geqslant 15 \ \text{kN/m}$。

A.7 土工织物材料性能技术参数

堤防工程上常用的土工织物为无纺反滤土工织布(通常简称为土工布)。

1 选购的土工布应满足以下技术参数:

质量:250 g/m²;

厚度:≥2.1 mm;

断裂强度:≥8 kN/m;

断裂伸长率:≥60%;

CBR 顶破强力:≥1.2 kN;

垂直渗透系数:>1×10 cm/s;

等效孔径:≤0.1 mm;

撕破强度力:≥0.2 kN。

2 土工布使用注意事项:

1) 土工布缝合应用双线包缝拼合,缝的抗拉强度不低于布强度的60%。

2) 布块之间应尽量在工厂拼装搭接,若现场施工,应严格控制质量。

3) 注意现场保管,不得长时间暴露在阳光下,不得划破。

4) 铺设时松紧度应均匀,端部锚着牢固,搭接宽度不小于0.5 m。

附录 B 上海市黄浦江和苏州河堤防设施日常维修养护参考文件目录

(1)《上海市防汛条例》(2014 年 7 月 25 日修正)

(2)《上海市河道管理条例》(2010 年 9 月 17 日修正)

(3)《上海市黄浦江防汛墙保护办法》(2010 年 12 月 20 日修正)

(4)《上海市黄浦江和苏州河堤防设施管理规定》(2010 年 12 月 8 日印发)

(5)《上海市黄浦江防汛墙维修养护技术和管理暂行规定》(2003 年 9 月 3 日印发)

(6)《上海市黄浦江防汛墙养护管理达标考核暂行办法》(2003 年 9 月 12 日印发)

(7)《上海市黄浦江防汛墙工程设计技术规定(试行)》(2010 年 6 月 12 日印发)

(8)《关于苏州河防汛墙改造工程结构设计的暂行规定》(修订)(2006 年 7 月 27 日印发)

(9)《上海市跨、穿、沿河构筑物河道管理技术规定(试行)》(2007 年 5 月 10 日印发)

(10)《关于加强黄浦江防汛墙防汛通道管理意见的通知》(2003 年 3 月 6 日印发)

(11)《上海市河道绿化建设导则》(2008 年 12 月 11 日印发)

(12)《上海市堤防泵闸抢险技术手册》(2012 年 5 月印发)

(13)《上海市黄浦江和苏州河堤防设施日常巡查工作手册》(2012 年 10 月印发)

（14）《上海市黄浦江和苏州河堤防设施日常维修养护技术指导手册》(2014 年 11 月）

（15）《上海市黄浦江和苏州河堤防设施日常养护管理办法》（2015 年 6 月 23 日印发）

（16）《上海市黄浦江和苏州河堤防设施日常巡查管理办法》（2015 年 6 月 23 日印发）

（17）《上海市黄浦江和苏州河堤防绿化管理办法》（2015 年 6 月 23 日印发）

（18）《上海市黄浦江和苏州河堤防设施日常检查和专项检查规定》（2015 年 6 月 23 日印发）

（19）其他相关的技术规范、标准